나의 첫 과학책 17

외계인은 정말 있을까?
우주 탐사

박병철 글 | 한아름 그림

휴먼
어린이

라이트 형제가 비행기를 발명하기 4년 전인 1899년의 어느 가을날,
한 소년이 집 근처에 있는 벚나무에 올라 생각에 잠겼습니다.
평소 공상 과학 소설에 푹 빠져 살았던 열일곱 살 소년은
우주선을 타고 화성으로 날아가는 모습을 상상하고 있었지요.
바로 그날, 소년은 반드시 우주로 가겠다고 굳게 결심하고
1945년에 세상을 떠날 때까지 오로지 로켓을 만드는 일에만 몰두했습니다.
훗날 '로켓의 아버지'로 불리게 될 그 소년의 이름은 **로버트 고다드**였습니다.

80년 전에 폭탄을 싣고 바다를 건너던 로켓이
얼마 후 강아지를 태우고 우주로 날아갔습니다.
그리고 몇 년 후에는 드디어 사람을 태우고 달까지 갔다 왔지요.
우주로 진출하겠다는 지구인들의 강한 의지가 만들어 낸
기적 같은 이야기가 펼쳐집니다.

비행기는 '공기'가 있는 곳에서만 날 수 있습니다.
그런데 우주에는 공기가 없기 때문에 전혀 다른 방법을 사용해야 합니다.
고다드가 제일 먼저 떠올린 것은 '바람이 들어간 풍선'이었습니다.
팽팽한 풍선의 매듭을 풀면 안에 있는 공기가 밖으로 빠져나오면서
풍선은 그 반대 방향으로 날아갑니다.
뉴턴의 두 번째 운동 법칙인 작용과 반작용의 법칙● 때문이지요.
그러니까 공기가 없는 우주에서도 풍선의 매듭을 풀면
풍선은 힘차게 앞으로 날아갈 수 있답니다.

● **작용과 반작용의 법칙** A가 B에게 힘을 주면 B도 A에게 똑같은 힘을 되돌려 준다는 법칙.

물론 로켓은 풍선처럼 바람의 힘으로 날아가는 게 아닙니다.

로켓 안에 들어 있는 연료가 폭발을 일으키면서 아래로 연기를 뿜어내면

그 힘으로 로켓이 위로 올라가는 것이지요.

물론 여기에도 작용과 반작용의 법칙은 똑같이 적용됩니다.

하지만 폭발은 워낙 위험한 과정이어서,

조금만 잘못해도 땅으로 곤두박질치기 일쑤입니다.

고다드가 1920년에 만든 첫 번째 로켓은 겨우 50미터밖에 날지 못했습니다.
그러자 사람들은 고다드를 마음껏 비웃었지요.
특히 〈뉴욕 타임스〉라는 신문은 "고등학생보다도 못하다!"라면서
고다드의 로켓을 웃음거리로 만들었습니다.
하지만 자신의 생각이 옳다고 굳게 믿었던 그는
남들이 뭐라 하건 조금도 신경 쓰지 않고 실험을 계속해 나갔습니다.

그로부터 20년 후, 베르너 폰 브라운이라는 독일의 과학자가
고다드의 아이디어를 사용해서 드디어 멀리 날아가는 로켓을 만들었습니다.
그런데 당시 제2차 세계 대전을 일으켰던 독일의 히틀러가
브라운이 만든 로켓에 폭탄을 실어서 영국으로 날려 보냈지요.
브이투(V-2)라 불리는 이 로켓은 대기권* 위의 공기가 없는 곳을 지나
런던에 떨어져 도시를 불바다로 만들었습니다.

* **대기권** 지구 주변을 공기가 에워싸고 있는 부분.

그러나 전쟁은 독일과 맞서 싸운 미국과 소련의 승리로 끝났고,
두 나라의 군인들은 독일의 로켓 과학자들을 자기네 나라로 데려갔습니다.
이들의 진짜 목적은 폭탄을 먼 곳까지 쏘아 보낼 무기를 만드는 것이었지만,
겉으로는 '우주로 나가기 위해 로켓을 개발한다'고 주장했지요.
그때부터 미국과 소련은 상대방보다 먼저 우주 로켓을 만들기 위해
엄청난 돈을 쏟아붓기 시작했습니다.
두 나라의 우주 경쟁 시대가 열린 것입니다.

처음으로 만든 우주 로켓은 먼 우주로 날아가는 우주선이 아니라
높은 곳까지 올라가서 지구 주변을 빙빙 도는 **인공위성**이었습니다.
그런데 인공위성이 지구 주변을 빠른 속도로 돌면
바깥쪽으로 작용하는 힘이 생기게 됩니다. 이 힘을 '원심력'이라고 하지요.
놀이공원의 회전 그네가 바깥쪽으로 쏠리는 것도 원심력 때문입니다.
바로 이 힘이 지구 쪽으로 잡아당기는 중력과 비기면서
인공위성의 내부는 아무런 힘도 작용하지 않는 '무중력 상태'가 된답니다.

사람은 오랜 옛날부터 지구의 중력을 받으면서 살아왔습니다.
몸에 중력이 작용해야 피가 제대로 흐르고
몸속으로 들어온 음식도 소화시킬 수 있지요.
이렇게 살아온 사람이 무중력 상태의 인공위성 안에 오랫동안 머물게 되면
몸에 어떤 변화가 생길지 아무도 알 수 없었습니다.
그래서 과학자들은 우주선에 사람을 태우기 전에
동물을 먼저 태워 보내서 몸에 나타나는 변화를 살펴보기로 했지요.

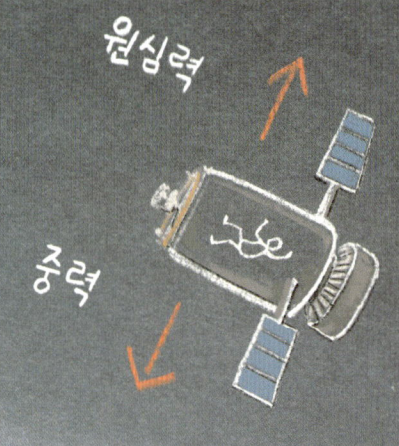

미국의 과학자들은 로켓 실험에 사람과 비슷한 원숭이를 사용했고,
소련에서는 주로 개들이 그 역할을 맡았습니다.
로켓에 원숭이나 개를 태우고 대기권 바깥까지 날려 보냈다가
지구로 돌아왔을 때 몸에 생긴 변화를 확인했지요.
1957년, 소련에서 만든 인공위성 **스푸트니크 1호**가
성공적으로 발사되어 지구 주변을 돌기 시작했습니다.
사람을 태우진 않았지만, 세계 최초의 인공위성이었지요.
여기에 잔뜩 흥분한 소련의 과학자들은
생명체를 태운 인공위성도 미국보다 먼저 발사하겠다며
급하게 만든 스푸트니크 2호에 '라이카'라는 개를 태워서 날려 보냈습니다.

그러나 스푸트니크 2호에는 지구로 돌아오는 장치가 없었기 때문에
라이카는 좁고 어두운 우주선 속에서 며칠을 버티다가
결국 우주에서 외롭게 숨을 거두고 말았습니다.
우주 개발을 위해 희생된 라이카에게
고마우면서도 미안한 마음이 드는군요.

1961년 4월 12일, 소련의 우주선 보스토크 1호가
역사상 최초로 사람을 태우고 발사되었습니다.
그 안에 타고 있던 **유리 가가린**은 1시간 48분 동안
지구 주변을 돌면서 역사에 남을 유명한 말을 했지요.
"지구는 푸른색이다."
지구에서 올려다본 하늘은 항상 푸른색이었는데,
하늘에서 내려다본 지구도 푸른색이었던 것입니다.

우주 비행을 마치고 무사히 지구로 돌아온 가가린은
'최초의 우주인'으로 유명해졌을 뿐만 아니라,
사람이 무중력 상태를 견딜 수 있다는 것을 확인시켜 주었습니다.
최초의 인공위성과 최초의 우주인 모두 소련에서 탄생했으니,
소련은 미국과의 우주 경쟁에서 완전히 승리한 것처럼 보였지요.

지구의 폭은 약 1만 3000킬로미터입니다.
그리고 서울에서 부산까지 거리는 400킬로미터쯤 되지요.
가가린을 태운 인공위성은 땅으로부터 300킬로미터까지 올라갔습니다.
어떤가요? 인공위성이 떠 있는 곳을 '우주'라고 부르기에는
지구와 너무 가깝다고 생각되지 않나요?

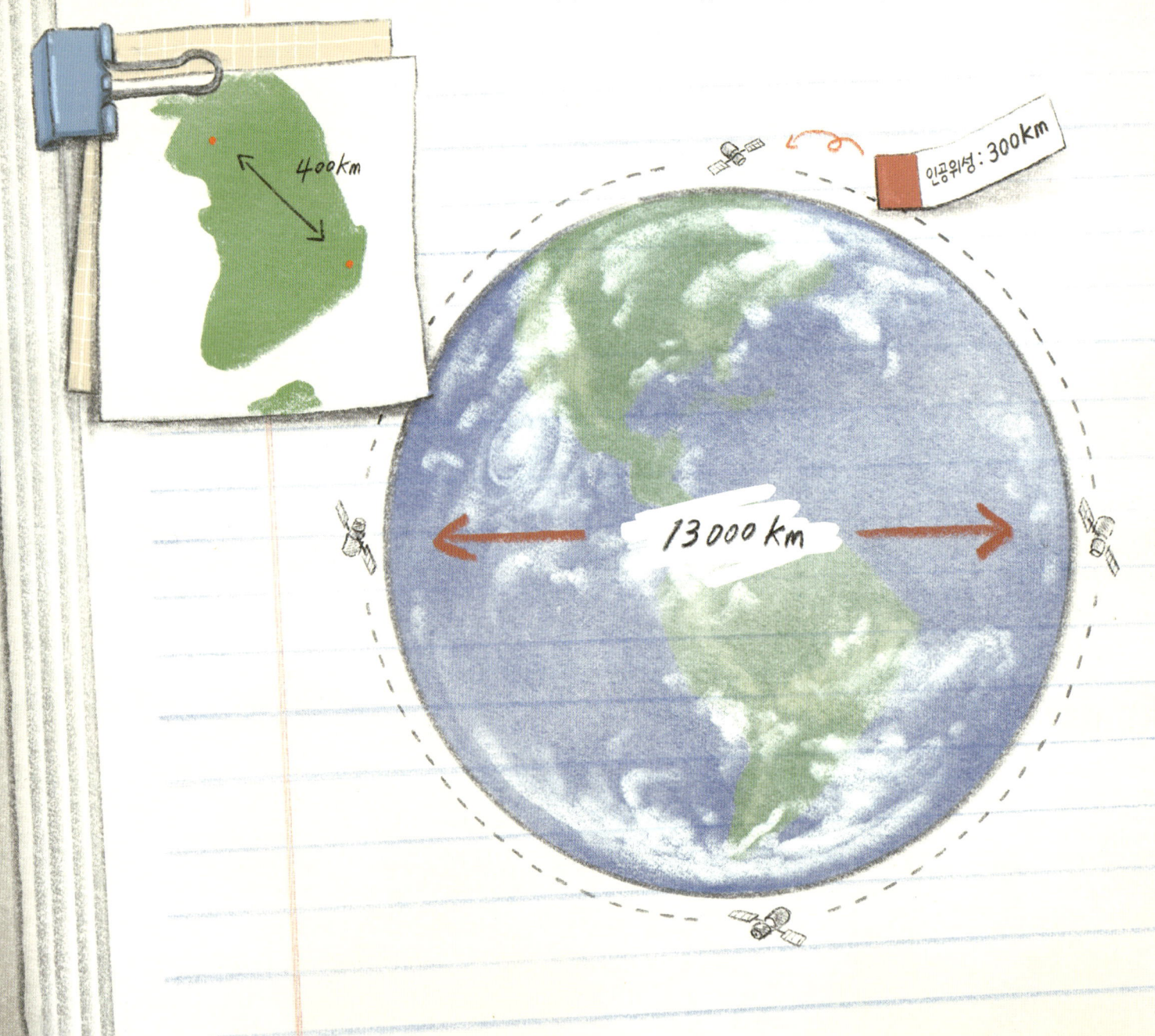

정말 큰일 났군. 소련이 우리보다 한참 앞서가고 있잖아.

우리도 빨리 인공위성을 띄워야 해. 더 크고 좋은 것으로!

걔넨 엎어지면 코 닿을 곳에 갔다 온 것뿐이잖아. 소련을 이기려면 지구 앞마당 말고 '진짜 우주'에 가야 해.

우주라… 지구에서 그나마 가까운 천체는 달인데…….

그거 좋은 생각이네! 우린 달에 가야겠어. 어때? 넌 할 수 있지?

난 이제 큰일 났다.

아, 아마 될 걸요?

케네디 대통령

베르너 폰 브라운

소련의 성공에 큰 충격을 받은 미국이 제일 먼저 한 일은
우주선을 연구하는 '미국 항공 우주국', 즉 나사(NASA)를 설립한 것이었습니다.
이곳에 미국 최고의 과학자들을 모아 놓고
달에 사람을 보내기 위한 **아폴로 계획**을 시작했지요.
20년 전에 브이투 로켓을 만들었던 브라운도 여기에 참여해서
역사에 길이 남을 우주 로켓 **새턴 5호**를 만들었습니다.

지구에서 달까지 가려면 엄청나게 많은 연료가 필요하고,
달 탐사에 필요한 각종 도구도 실어야 합니다.
또 달에 도착한 사람을 그곳에 내버려 둘 수도 없으니,
임무를 마친 후 지구로 돌아오는 기능도 있어야 합니다.
이 모든 것을 로켓 하나에 욱여넣다 보니,
어느새 새턴 5호는 100미터가 넘을 정도로 커졌습니다.

달이 문제가 아니라
제대로 뜰 수나 있을지
모르겠네.

1969년 7월 16일, 새턴 5호 로켓이 힘찬 불꽃을 내뿜으며 이륙했습니다.
이것이 바로 그 유명한 **아폴로 11호** 우주선이랍니다.
세 명의 우주인을 태운 아폴로 11호는 무려 40만 킬로미터를 날아서
4일이 지난 7월 20일에 드디어 달에 착륙했습니다.
이때 달에 첫발을 내디딘 **닐 암스트롱**도 멋진 말을 남겼지요.

"나에게는 작은 한 걸음이지만, 인류에게는 위대한 도약이다."

이들은 달에 몇 가지 실험 기구를 설치하고 돌멩이 몇 개를 챙긴 후
다시 4일이 지난 7월 24일에 지구로 무사히 돌아왔습니다.
그리고 50년 전에 고다드의 로켓을 한껏 비웃었던 〈뉴욕 타임스〉 신문에는
다음과 같은 기사가 실렸습니다.

고다드가 옳았다.
로켓은 공기가 없어도 완벽하게 작동한다.
이미 세상을 떠난 고다드에게 깊은 사과를 전한다.

달 착륙으로 드디어 소련을 앞지른 미국은
아폴로 12호부터 17호까지, 여섯 번이나 더 달에 갔다 왔습니다.
그러나 아폴로 계획에는 심각한 문제가 있었습니다.
달에서 얻어 온 것이라곤 돌멩이 몇 개밖에 없는데,
그것을 위해 쏟아부은 돈이 너무 많았던 것입니다.

이대로는 도저히 안 되겠어.
우주선이 아니라
아주 돈 먹는 하마라니까.

이 비싼 로켓을 한 번만 쓰고
버리는 게 문제라고.
재활용을 할 수 있으면 좋을 텐데.

바로 그거야. 한 번 쓴 우주선을
다시 쓸 수 있게 만들면 돼!

나사(NASA)의 과학자들은
오직 비용을 줄이겠다는 생각 하나로
새턴 5호를 포기하고
우주선을 처음부터 다시 만들었습니다.
이렇게 탄생한 것이 바로 **우주 왕복선**이랍니다.

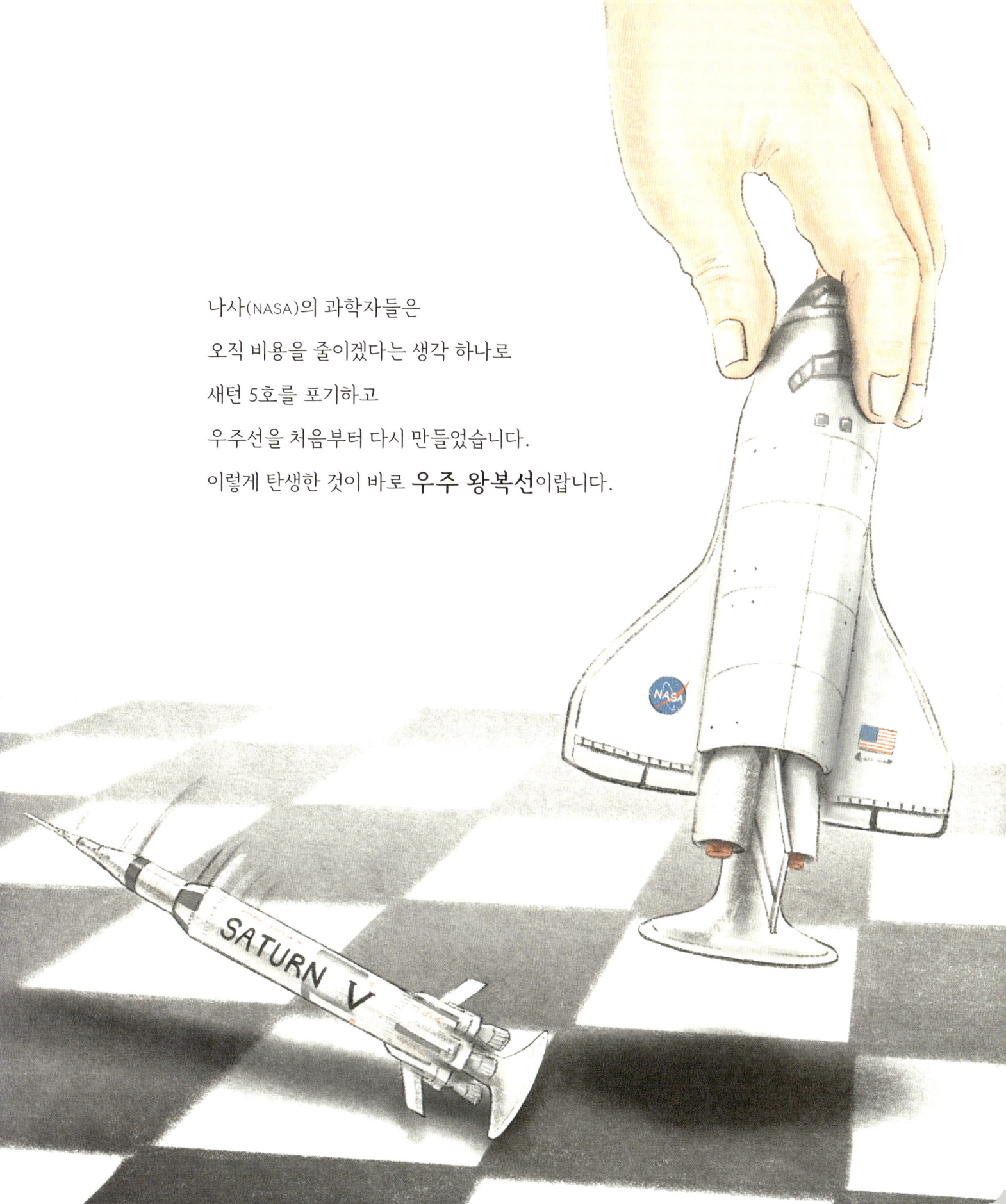

길고 뾰족하게 생긴 로켓은 이륙할 때 유리하지만,
그런 모양을 하고 돌아온다면 추락하는 화살이나 다름없지요.
지구로 무사히 돌아오려면 대기권을 통과해야 하니까
비행기처럼 날개가 있어야 하고, 바퀴도 달려 있어야 합니다.
1981년, 최초의 우주 왕복선 컬럼비아호가 힘차게 날아올라
이틀 동안 임무를 수행하고 두 명의 조종사와 함께 무사히 돌아왔습니다.

어디까지 갔다 왔냐고요?
'엎어지면 코가 닿는' 인공위성 궤도●만 돌다 왔지요.
돈이 너무 많이 들어서 장거리 여행은 포기했지만,
가까운 우주에도 할 일은 많이 있으니까요.
그 후로 우주 왕복선은 인공위성을 궤도까지 데려다 놓거나
무인 우주 탐사선●을 싣고 올라가서 우주로 날려 보내는 등
지구와 우주를 연결하는 '셔틀버스'의 역할을 충실하게 해냈습니다.

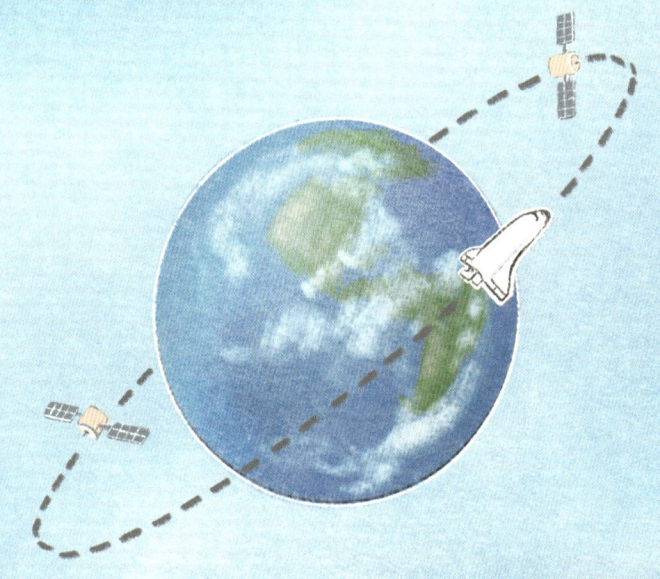

● **인공위성 궤도**   인공위성이 지구 주변을 돌면서 지나가는 길.
● **무인 우주 탐사선**   사람을 태우지 않고 스스로 날아가는 우주선.

요즘은 공기가 탁해서 해가 져도 별을 보기가 아주 어렵습니다.
망원경으로 별을 관측할 때도 마찬가지입니다.
날씨와 상관없이 항상 별을 관측할 수 있다면 천문학자들이 아주 좋아하겠지요?
방법이 있긴 있습니다. 공기가 없는 우주에 망원경을 띄우면 됩니다.
게다가 망원경을 띄워 줄 도구도 있습니다. 바로 우주 왕복선이지요.

1990년 4월, 우주 왕복선 디스커버리호가 발사되어
과학자들이 공들여 만든 첨단 망원경을 궤도에 올려놓았습니다.
이것이 바로 그 유명한 **허블 우주 망원경**이지요.
지구에 비가 오나 눈이 오나, 허블 망원경은 항상 깨끗한 우주를 바라보며
입이 딱 벌어질 정도로 놀라운 사진을 찍어서 지구로 보내 주었습니다.
그 덕분에 천문학은 눈부시게 발전할 수 있었고,
모든 사람들이 맑고 아름다운 우주 사진을 마음껏 감상할 수 있게 되었지요.

인공위성의 내부가 무중력 상태라는 거, 앞에서 얘기했지요?
중력이 없는 곳에서는 특수한 약이나 새로운 물질을 만들 수 있고,
장거리 우주 여행을 위한 준비를 하기에도 아주 적당합니다.
그래서 과학자들은 인공위성의 궤도에 커다란 건물을 지어서
우주 개발을 위한 기지로 삼는다는 아이디어를 떠올렸지요.
이렇게 탄생한 것이 바로 **국제 우주 정거장**이랍니다.

국제 우주 정거장은 1998년부터 조립되기 시작하여
지금은 월드컵 축구장만큼 커졌습니다.
그동안 우주행 셔틀버스인 우주 왕복선이
필요한 재료를 부지런히 실어다 준 덕분이었지요.
지금도 이곳에는 수십 명의 우주인들이 머물면서
중요한 우주 관측과 다양한 과학 실험을 하고 있답니다.

지금까지 사람은 달보다 먼 곳을 가 본 적이 없습니다.
돈도 많이 들고, 갔다 오는 데 시간도 너무 많이 걸리기 때문이지요.
하지만 사람들이 달보다 먼저 관심을 가졌던 곳은 화성이었습니다.
화성의 크기는 지구와 거의 비슷하고,
화성의 하루도 24시간 37분으로 지구의 하루(24시간)와 비슷합니다.
그래서 사람들은 오래전부터 화성에 외계인이 살고 있다고 생각했지요.

아폴로 11호는 출발한 지 4일 만에 달에 도착했지만,
화성까지 가려면 아홉 달 동안 쉬지 않고 날아가야 합니다.
그곳에서 임무를 마치고 지구로 돌아오려면 꼬박 2년이 걸리지요.
그래서 화성으로 갈 때는 항상 사람을 태우지 않은 무인 탐사선을 보냈습니다.
1971년에 소련의 마스 3호가 최초로 화성에 착륙했고,
1976년에는 미국의 바이킹 1호와 2호가 연달아 화성 착륙에 성공했습니다.
그런데 카메라로 주변을 아무리 둘러봐도 외계인은 보이지 않았지요.

그 후 미국과 소련은 화성 탐사선을 꾸준히 발사했지만,
가는 도중 연락이 끊기거나 착륙에 실패하는 등 결과가 좋지 않았습니다.

그러던 중 2003년 6월과 7월에 연달아 발사된 두 대의 화성 탐사선 덕분에
비밀에 싸여 있던 화성의 정체가 조금씩 드러나기 시작했습니다.
그 주인공은 스피릿호와 오퍼튜니티호였지요.

스피릿과 오퍼튜니티는 똑같이 생긴 쌍둥이 로봇입니다.
먼저 도착한 형인 스피릿은 2주일 만에 고장을 일으켰지만,
지구에 있는 과학자들이 필사적으로 오류를 찾아낸 덕분에 가까스로 살아나서
바위에 구멍을 뚫고 성분을 분석하는 등 맹활약을 펼쳤지요.
과학자들이 예상했던 로봇의 수명은 90일이었는데,
스피릿은 무려 6년 동안 작동하면서 화성 곳곳을 탐사하다가
부드러운 흙에 바퀴가 빠지는 바람에 수명을 다하고 말았습니다.

스피릿의 동생 오퍼튜니티는 화성의 정반대 쪽에 착륙하여
형 못지않은 실력을 보여 주었습니다.
오퍼튜니티는 지독한 모래바람을 이겨 내고 화산 꼭대기까지 올라가서
아득한 옛날에 화성에도 물이 있었다는 흔적을 찾아냈답니다.
물이 있었다는 것은 먼 옛날 화성에 생명체가 존재했을 수도 있다는 뜻이지요.

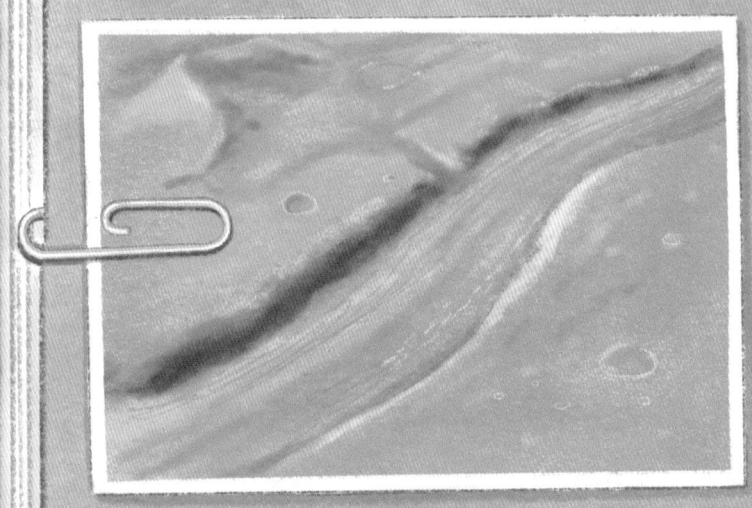

오퍼튜니티의 수명도 원래는 90일에 불과했지만,
무려 14년 동안 아무도 없는 화성에서 혼자 외롭게 임무를 수행했습니다.
그러던 어느 날, 엄청난 모래 폭풍에 파묻혀 작동을 멈추고 말았지요.
긴 세월 동안 오퍼튜니티와 연락하면서 정이 들었던 과학자들은
가엾은 오퍼튜니티를 살리기 위해 갖은 애를 썼지만,
안타깝게도 오퍼튜니티는 아무런 응답도 보내오지 않았습니다.
이렇게 두 형제 로봇은 예정보다 훨씬 오랫동안 임무를 수행하다가
자신의 일터였던 화성에서 조용히 잠들었답니다.

괜찮아. 이 정도면 할 만큼 했어······.
그나저나 형은 잘 지내고 있을까?

2022년 11월 16일, 달로 가는 우주선 '아르테미스 1호'가 발사되었습니다.
50년 전, 아폴로 11호는 오직 경쟁에서 이기기 위한 수단이었기 때문에
어렵게 달까지 날아가서 깃발만 꽂고 금방 돌아왔지요.
하지만 이번에는 목표가 달랐습니다.
아르테미스 1호는 무인 탐사선인데, 이번 계획이 성공하면
다음에는 달에 사람을 보내서 집과 공장을 짓고,
그곳을 출발지로 삼아 사람을 화성에 보낼 것입니다.

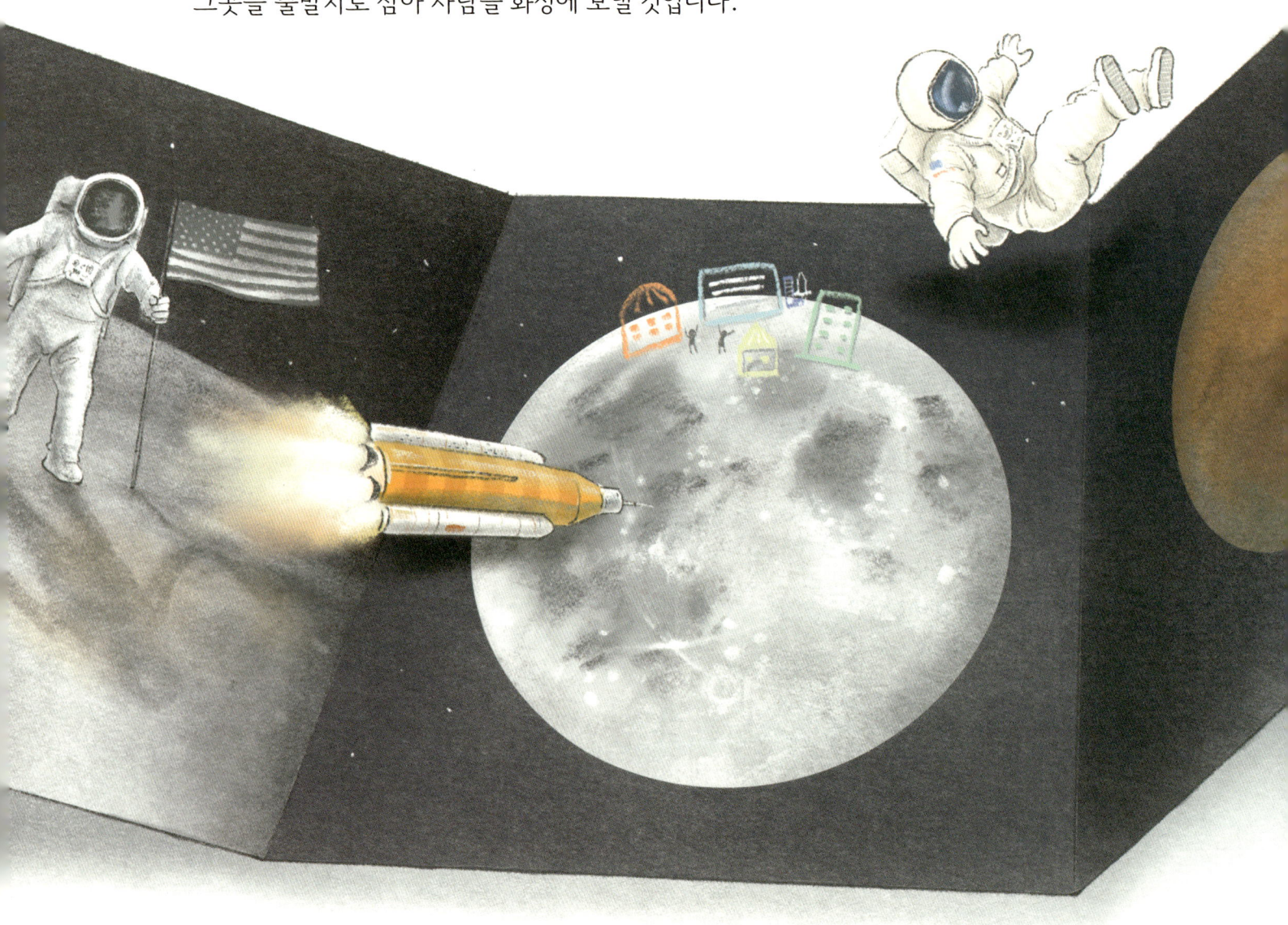

일단 화성에 사람이 도착하면 그곳에 또다시 공장과 건물을 지어서
사람이 살 수 있는 도시를 만들고,
화성 도시를 발판으로 삼아 더 먼 우주로 나간다고 합니다.
계획이 너무 원대해서 과연 생각대로 될지 살짝 의심스럽지만
우주로 나가려는 의지가 있는 한, 언젠가는 반드시 이루어질 것입니다.

과학자들은 왜 우주로 나가려고 그토록 애를 쓰는 것일까요?
그 해답은 먼 옛날 지구에서 살았던 원시인에서 찾을 수 있습니다.
처음에 그들은 아프리카에 모여 살았는데,
오랜 세월이 지나면서 인구가 점점 불어나고 먹을 것이 부족해지자
정든 아프리카를 과감하게 버리고 다른 대륙으로 옮겨 갔습니다.
모자라는 식량을 새로운 땅에서 구하기 위해
목숨을 걸고 끝이 보이지 않는 산과 바다를 건넌 것이지요.

우리의 지구는 꽤 큰 행성이지만 무한정 크지는 않기 때문에
우리에게 필요한 것을 언제까지나 줄 수는 없습니다.
지구의 자원이 부족해지면 필요한 것을 가까운 우주에서 가져오거나
아예 그곳으로 옮겨 가서 살아야 할지도 모릅니다.
그런 날이 찾아왔는데 아무런 준비가 되어 있지 않다면 정말 큰일이지요.
그래서 과학자들은 먼 훗날을 미리 준비하기 위해
지금도 우주선을 열심히 발사하고 있답니다.

 나의 첫 과학 클릭!

우주개 이야기

1956년의 어느 여름날, 소련의 수도 모스크바에서
주인을 잃고 떠돌던 개 한 마리가 붙잡혀 유기견 수용소로 끌려갔습니다.
이곳에서 새 주인을 만나지 못하면 죽을 수밖에 없는 운명이었는데,
놀랍게도 얼마 후에 한 남자가 와서 그 개를 데려갔습니다. 불쌍하게 보여서 그랬을까요?
아닙니다. 개를 데려간 사람은 소련의 항공 의학 연구소의 직원이었고,
그곳은 우주 로켓에 태워 보낼 개를 훈련시키는 곳이었습니다.
당시 미국과 소련은 사람을 먼저 우주로 보내기 위해 치열한 경쟁을 벌이고 있었는데,
사람이 무중력 상태에 오래 있으면 몸에 어떤 변화가 나타날지 알 수 없었기 때문에
동물을 먼저 우주로 보내서 몸의 상태를 확인하기로 한 것입니다.

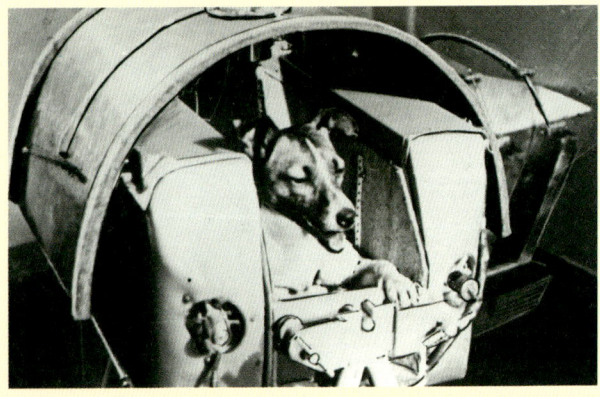

최초의 우주개 라이카

항공 의학 연구소에서 '라이카'라는 이름으로 불리게 된 그 개는
담당 조련사를 주인처럼 따르면서 온갖 혹독한 훈련을 이겨 냈습니다.
특히 라이카는 좁고 어두운 곳을 좋아하는 습성이 있어서 다른 개보다 빠르게 적응할 수 있었지요.
1957년 11월 3일에 라이카를 태운 '스푸트니크 2호' 우주선이 발사되었습니다.
하지만 이 우주선에는 지구로 돌아오는 기능이 없었기 때문에,
라이카는 우주에서 외롭게 숨을 거두고 말았지요.
그 후 1960년 8월에 '벨카'와 '스트렐카'라는 개 두 마리를 태운 우주선이
인공위성 비행에 성공한 후 지구로 무사히 돌아왔습니다.
그리고 1961년에 유리 가가린이 최초로 유인 위성을 타고 지구 주변을 돌았지요.
분명히 벨카와 스트렐카가 가가린보다 먼저 우주에 갔다 왔는데,
사람들은 가가린만 기억하고 벨카와 스트렐카는 까맣게 잊어버렸습니다.
이거, 너무 불공평하지 않나요?

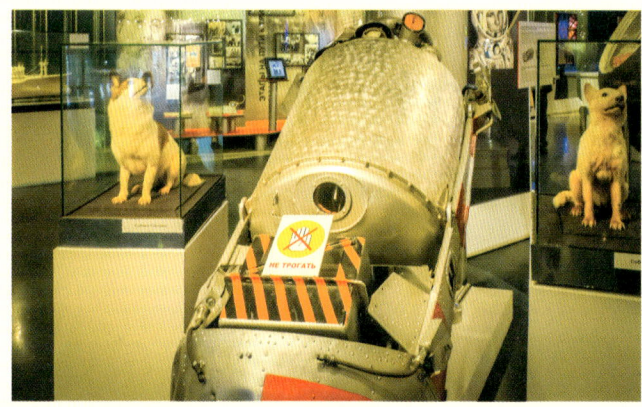

모스크바 우주 박물관에 전시된 벨카와 스트렐카 모형

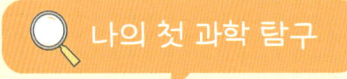 나의 첫 과학 탐구

인공위성은 무슨 일을 할까?

인공위성은 우주 로켓의 꼭대기에 얹혀 있는 작은 비행체인데,
용도에 따라 다양한 일을 할 수 있도록 설계되어 있습니다.
로켓이 궤도에 도착할 때쯤이면 연료통은 모두 분리되어 대기권으로 추락하고,
인공위성만 남아서 궤도를 돌게 되지요. 이때 위성의 내부는 무중력 상태가 되는데,
이것은 지구에서 멀기 때문이 아니라 물체가 원을 그리면서 움직일 때
나타나는 원심력과, 그 반대 방향으로 작용하는 지구의 중력이
정확하게 비기면서 나타나는 현상입니다.

최초의 인공위성인 스푸트니크 1호의 모형

오늘날 기상 위성의 모습

지금도 우주에는 위성 항법 장치(GPS)를 실은 여러 개의 인공위성이
궤도를 돌면서 자동차용 네비게이션과 스마트폰의 위치 추적 장치를
작동시키고 있습니다. 또 대기의 상태를 분석하는 기상 위성은
날씨를 예보하는 데 중요한 정보를 제공해 주고, 통신 위성은 TV나 라디오 등
방송 전파를 받았다가 지구의 외진 곳으로 보내 주고 있지요.
그 외에 우주에서 날아오는 X선이나 자외선의 강도를 측정해서
재난에 대비하는 과학 위성과 군사적 목적으로 쏘아 올린 군사 위성 등이 있는데,
이들 모두는 200~500킬로미터 높이에서 각자 정해진 궤도를 돌고 있습니다.
현재 지구 주변을 도는 인공위성은 200여 개나 됩니다.
비밀리에 발사된 위성이 많기 때문에 정확한 개수는 알 수 없지요.
이미 수명이 다 된 고철 덩어리까지 합하면 1만 개에 가까울 것으로 추정됩니다.
세계 각 나라들이 지금처럼 인공위성을 계속 쏘아 올리다 보면,
언젠가는 우주에 버려진 쓰레기를 처리하는 것도
커다란 골칫거리로 떠오를 것입니다.

지구를 도는 인공위성과 잔해 들을 표시한 그림

글 박병철

연세대학교 물리학과를 졸업하고 한국과학기술원(KAIST)에서 이론물리학 박사 학위를 받았습니다. 30년 가까이 대학에서 학생들을 가르쳤으며 지금은 집필과 번역에 전념하고 있습니다. 어린이 과학동화 《별이 된 라이카》, 《생쥐들의 뉴턴 사수 작전》, 《외계인 에어로, 비행기를 만들다!》를 썼습니다. 2005년 제46회 한국출판문화상, 2016년 제34회 한국과학기술도서상 번역상을 수상했으며, 옮긴 책으로는 《프린키피아》, 《페르마의 마지막 정리》, 《파인만의 물리학 강의》, 《평행우주》, 《신의 입자》, 《슈뢰딩거의 고양이를 찾아서》 등 100여 권이 있습니다.

그림 한아름

대학에서 시각 디자인을 전공하고 꼭두 일러스트 교육원에서 그림책을 공부했습니다. 쓰고 그린 책으로 《이상한 기차》, 《내일을 기다려》가 있으며, 그린 책으로 《지하차도 건너기》, 《천 원짜리 가족》, 《하루살이입니다》, 《철두철미한 은지》, 《진짜 친구 찾기》, 《내 머리에는 딱따구리가 산다》, 《자라나는 숲속의 보물들》 등이 있습니다.

나의 첫 과학책 17 — **우주 탐사**

1판 1쇄 발행일 2023년 9월 25일

글 박병철 | **그림** 한아름 | **발행인** 김학원 | **편집** 이주은 | **디자인** 기하늘
저자·독자 서비스 humanist@humanistbooks.com | **용지** 화인페이퍼 | **인쇄** 삼조인쇄 | **제본** 다인바인텍
발행처 휴먼어린이 | **출판등록** 제313-2006-000161호(2006년 7월 31일) | **주소** (03991) 서울시 마포구 동교로23길 76(연남동)
전화 02-335-4422 | **팩스** 02-334-3427 | **홈페이지** www.humanistbooks.com
사진 출처 라이카 ⓒ Robert Lewis / Wikimedia Commons / CC BY-SA 4.0
모스크바 우주 박물관 ⓒ Vivvi Smak / Shutterstock

글 ⓒ 박병철, 2023   그림 ⓒ 한아름, 2023
ISBN 978-89-6591-522-5 74400
ISBN 978-89-6591-456-3 74400(세트)

- 이 책은 저작권법에 따라 보호받는 저작물이므로 무단 전재와 무단 복제를 금합니다.
- 이 책의 전부 또는 일부를 이용하려면 반드시 저작권자와 휴먼어린이 출판사의 동의를 받아야 합니다.
- **사용연령 6세 이상** 종이에 베이거나 긁히지 않도록 조심하세요. 책 모서리가 날카로우니 던지거나 떨어뜨리지 마세요.